动物园里的朋友们

（第一辑）

我是蝙蝠

［俄］玛·阿布拉莫娃 / 文

［俄］维·米涅耶夫 / 图

于贺 / 译

江西美术出版社

全国百佳出版单位

100只胖蝙蝠加起来和你差不多重。

2

我是谁?

　　我的小伙伴们，对我充满好奇心的读者朋友们，还有研究我的专家们，你们好呀！很高兴今天可以认识你们！我就是超级明星——蝙蝠。我们蝙蝠家族总是因为笼罩着神秘面纱而引来很多关注，我们扇动蹼翼发出的沙沙声总会让孩子和大人们产生种种情绪。关于我们有许许多多的传说，还有一些颇有争议的故事。比如，有人认为我们和邪灵有着某种联系，还怪我们这些小可爱在深夜飞向月亮时会吸人类的血液，让他们神经中毒。

　　所以，今天终于有这次千载难逢的机会来澄清所有关于我们的谣言！

　　我将一五一十地告诉你我们蝙蝠的真实身份，还有我们到底喜欢什么，平时怎样生活。首先，要认清我们绝对不是鸟类，这很重要。我们是真正意义上的哺乳动物，对，就是你想的那样，跟猫、狗或者狮子一样！

3

地球上栖息着

900 多种蝙蝠。

有一种勃兰特蝙蝠
大约能活
40岁。

欢迎光临

　　我很高兴可以邀请你们来家里做客，这样你们就能相信我们真的是待人友善、性情温顺的动物。来这些地方，你就能找到我啦：你所居住的城市附近最黑暗、最干燥的洞穴，郊外别墅里舒适又阴暗的阁楼，旧堡垒的地下室，寺庙，废弃的矿井，隧道，还有树洞。顺便提一下，在中国境内大约栖息着81种蝙蝠。

　　一般来说，除了南极和北极，我们蝙蝠家族遍布世界各地，还有些北方的伙伴会飞到南方过冬——这些都是家族中最受尊敬、最有声望的长辈们告诉我的。毕竟，我们可以生存很久——平均寿命有10~15年。我的家庭欢乐和睦，当然也很庞大。你来我们这里做客时，我们会飞来飞去，打打闹闹，猎食美味的昆虫，当然，你也可以和我们一起过夜。

我们的亲戚

现在呢，我要把我的亲戚介绍给你认识！来看看，他们是多么漂亮呀！和你的兄弟姐妹们长得像吗？

我们在这个热闹的大家庭里相亲相爱，很少有伙伴会感到孤独。比如，我有些兄弟在深夜飞行400千米，只是为了在自己家的洞穴中和亲朋好友相聚，就像是你从学校回家看望你的亲人。当然，还要给他们看看自己的成绩册，里面不会有"50分"吧！

和人类一样，我们蝙蝠也有自己乐意交往的好朋友。每天群居在一起的数百只蝙蝠准备睡觉时，会分成几拨凑在一起。那我们又是如何在如此庞大的族群中找到对方的呢？当然是凭借我们的叫声。我们最有名的栖息地是美国得克萨斯州的蝙蝠洞，那里住着2000万只蝙蝠，这一数量和北京人口总数差不多啦！当一群蝙蝠飞上天空，你们人类的雷达上会出现雷云的形状！

哈哈，这就是我们蝙蝠家族，看，我们已经聚成一群，即将飞上天空！

蝙蝠喜欢群居生活，数量从2~3只到几百万只不等。

菊头蝠和鼠耳蝠是最常见的
蝙蝠种类。

真正的时尚达人

　　作为真正的明星，我们当然需要打扮得既奢侈又时尚。

　　蝙蝠的体表长着一层绒毛，腹部的毛色发亮。这种强烈的对比很好地展现了我们的体形。例如，南非鞘尾蝠虽然是棕色的，可它们的肚子是纯白色的，看起来就像是穿了一件漂亮的白衬衫。我们蝙蝠的毛色各不相同，有红棕色的、橙红色的、奶油色的，甚至是白色的。我的哥哥是一种以昆虫为食的黄翅"假吸血蝠"，他披着飘逸柔顺的毛皮披风，折射着橙、黄、绿色的光芒，还有两只毛茸茸的大耳朵！

　　犬吻蝠的脑袋上毛发竖起，像梳着莫西干发型一样。然而裸蝠几乎没有任何毛发，他们自己知道，但也不会害羞。

　　总之，我们都是很爱美的，非常注重外表。我们很讲卫生，会仔仔细细地给自己和朋友洗澡，甚至还可以互相舔舐几个小时来保持洁净。你也喜欢洗澡吗？如果你喜欢的话，那就太好了！看来你也像我们一样爱干净呢。

蝙蝠不仅毛色各不相同，而且尾巴的长度、
鼻子、耳朵的形状也都不一样。

亚利桑那大耳蝠的耳朵长约 **5** 厘米，和铅笔 **1/3** 的长度差不多。

我们的翅膀、耳朵和鼻子

许多人认为我们丑陋的鼻子会影响到整体形象。但我知道我们的鼻子只是长得有点奇怪而已，对我们来说鼻子真的非常重要。事实上，当我们把猎物吃到嘴里时，就不能发出吱吱响的声波了。因此，我们已经习惯用鼻子发出声音。当然，也正是这个长得有点不一样的鼻子给我们的外貌增添了一点滑稽的元素。

顺便说一句，我们的耳朵也长得独一无二，拥有很特别的翻盖式耳廓，每秒钟可以开合 500 次。正因为如此，我们才可以如此准确地辨识声音。我们的翅膀也很独特，因为我们是唯一拥有真正翅膀的哺乳类动物！这可不是像鼯鼠那种只会滑翔一小段距离的翅膀，而是一种既神奇又有力的蹼翼。我们的翼长得像蹼一样，又薄又大，它们是由躯干和修长的爪子间的翼膜构成的——没错，是爪子！我们也有爪子呢！

最小的蝙蝠比人类小指还要小，翅膀展开只有 8 厘米。

有些种类的蝙蝠可以发出 **140** 分贝的声音，就像正在起飞的喷气式飞机。

我们的回声绝技

　　夜晚，当你沉浸在甜蜜的梦乡时，我们正在寻觅猎物呢。为了适应这种生活方式，与在白天的明亮光线中相比，我们的视力在黄昏和夜晚时会更加敏锐。但不管是白天还是黑夜，我们都会用神奇的回声定位系统（靠听觉来辨别方向）来解救自己。这个系统是如何工作的呢？我们发出超声波后，它碰到物体后会反射回来，这样一来我们聪明的脑袋里就可以形成周围空间的图像。在整个地球上，只有我们蝙蝠和海豚才能炫耀这一项绝技！不过，海豚有时还会在声波网中卡壳，而我们蝙蝠却可以把微弱的声波网中的每一串声音都分辨得清清楚楚！但蝙蝠发出的声音是没有旋律的，因为没有人带我们去歌剧院或者是学校的合唱团里学唱歌。我们的喉咙就像一个哨子，冲过它的阻挡所需要的力量是冲过压力锅的两倍！我们的声音非常响亮，尽管人耳听到的只是一种微弱的吱吱声。

蝙蝠可以确定两个物体间的距离，精确度可达半粒大米的长度。

我们的运动本领

　　必须承认，我们蝙蝠无法在坚硬的表面上爬行。在蝙蝠中只有我们的"吸血蝠"兄弟能贴着地面既迅速又敏捷地爬行。我们还有一些伙伴能够爬上爬下，他们会用大拇指的指甲和后爪子抓着墙壁爬行。

　　尽管拥有这些天赋，我们还是很难从地面上直接飞起来。在飞到空中之前，我们必须得小跳几下才能成功。通常，我们会选择那些可以即刻飞走的地方休息、过夜。这就是为什么我们头朝下吊着，因为我们以备随时飞走。与那些在飞行时扇动整个前翅的鸟类不同，我们可以靠展开的蹼翼滑翔。

　　我的亲戚鞘尾蝠一晚可以飞行超过 400 千米，飞行高度可达 3 千米。

巴西犬吻蝠居然可以以每小时 **100** 千米的速度飞行。

窄翼山蝠 1 小时可以飞行 **50** 千米。

蝙蝠的牙齿数量取决于其种类：

20~38 颗不等。

食虫类蝙蝠 1 小时
可以猎食多达
200 只蚊子。

我们的食物

　　我们主要以昆虫为食，不过一些大型蝙蝠也会吃鸟类、蜥蜴、青蛙和鱼类。要是你邀请我们去郊外的别墅做客，如果有蚊子骚扰你，我们会马上"处理"掉它们。你现在是我们的朋友了，朋友就是要互帮互助！我们当中也有素食主义者——现在这真的很流行、很高端呀！他们以水果、浆果、花蜜、花粉还有坚果为食。他们长着长长的舌头，方便好好地品尝花粉。生活在热带靠水果为生的蝙蝠长着宽而平的牙齿，这样就可以用它们从果实中榨出果汁，他们很爱鲜果果汁。我得招了：我们家族里的确也有"吸血鬼"（只有3种）。吸血蝙蝠生活在南美洲，他们都长着斗牛犬般的面颊，牙齿非常锋利。"吸血鬼"们以鸟类和哺乳动物的血液为食。其实不是吸血，而是舔舐血液。这些"吸血鬼"一夜也只能喝下两茶匙的血液，所以没有传说中的那么可怕。

蝙蝠平均一天一夜可以睡20个小时。

我们睡觉的地方

　　我们没有造过房子，因为并不需要。我们白天睡觉，黄昏时醒来。那我们在哪里睡觉呢？哪儿舒服就在哪儿睡！最主要的是睡觉的地方必须很黑暗、很干燥！洞穴、阁楼、老矿井，都是睡觉的好地方！我问一句，你可以倒吊在天花板上睡觉吗？我们经常这样做：用温暖的翅膀代替被子包裹着自己，然后甜蜜地进入梦乡。

　　我们也有一些伙伴很喜欢在卷起来的植物叶子里休息，有时也会在树洞或竹节里，当然这都"因蝠而异"。好吧，如果令人讨厌的黎明到来之际我还离家很远，那么就别无选择了，不得不自己一个人睡觉，躲在柴火堆里，或者陡峭的河岸上的燕子窝里，甚至是一片脱落的树皮下面……我可一点儿也不喜欢这种休息方式！我爱我的家，爱我的家人，所以我总是努力在黎明前回到他们身旁！

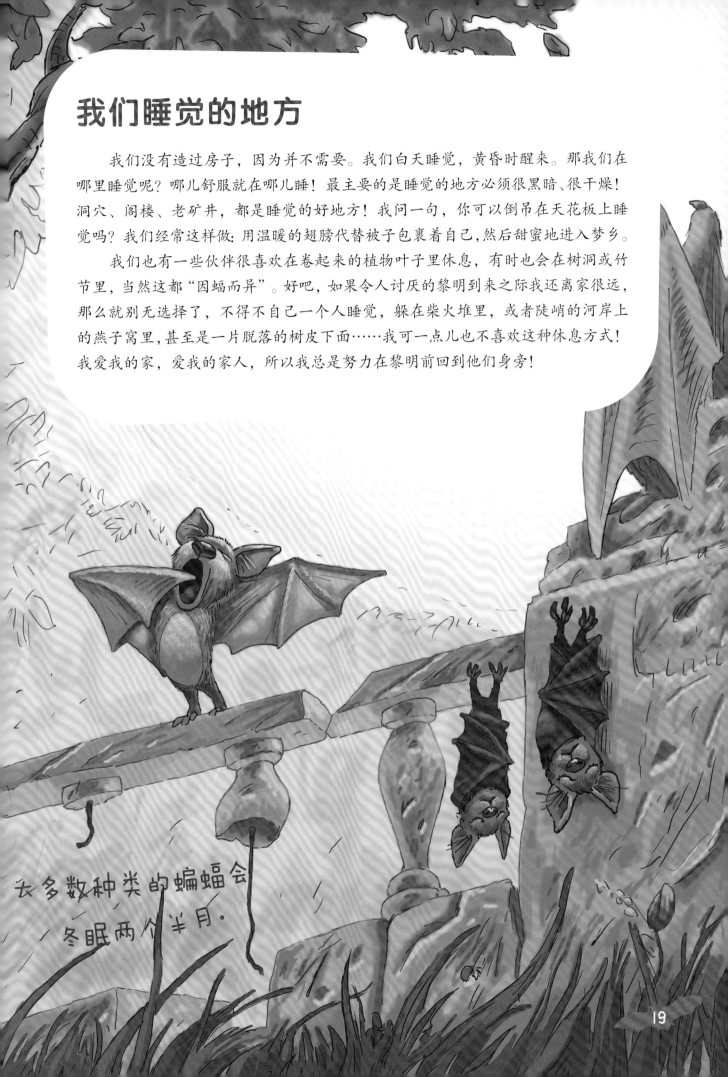

大多数种类的蝙蝠会冬眠两个半月。

我们的蝙蝠宝宝

蝙蝠妈妈非常慈爱，对宝宝关怀备至，毫不夸张地说，她们宠爱蝙蝠宝宝到了极点。我们的蝙蝠宝宝们刚出生时通常是粉红色的、光秃秃的，眼睛什么也看不见。但因为他们必须吊挂在母亲身上，所以爪子和指甲非常坚韧，再过一段时间，他们就可以自己吊在洞穴的拱顶上。蝙蝠妈妈通常每年只生育一只幼崽，因为她们无法承受更多的重量。妈妈们总是随身"挂"着刚出生的蝙蝠宝宝，给他喂奶。蝙蝠宝宝体重较轻，并不妨碍蝙蝠妈妈的飞行。一旦宝宝变重一些，能够自己吃东西了，蝙蝠妈妈就会把宝宝留在山洞里——他已经可以照顾好自己了。长大一些的蝙蝠宝宝会和妈妈一起去追捕猎物，通常蝙蝠妈妈会用超声波发信号给他，这样一来蝙蝠宝宝就一直跟在妈妈身后飞行。如果宝宝失去声波定位，就会立刻尖叫起来，蝙蝠妈妈听到后就会回来。你也是这样的呀，如果人类的小婴儿大声地哭起来，妈妈几乎会在第一时间回到宝宝身边。其实所有的宝宝用的都是相同的方法，只不过声音和响度不同罢了。

← 蝙蝠在11~12个月大的时候进入成年期。

刚出生的蝙蝠宝宝通常是自己妈妈体重的一半。

我们的天敌

我们的敌人很少，那是因为我们如此可爱，谁又想来冒犯我们呢？此外，我们行动敏捷迅速，想捉住我们真的很难！不过我们还是会受到猫头鹰和其他猛禽的攻击。在温暖的地方，蛇类也会猎食我们——它们通常会在白天我们睡觉的时候靠近我们。这不公平啊！我们的另一个敌人是蜘蛛，当然，不是那种你在郊外的灌木丛中发现的捉苍蝇的小蜘蛛。热带地区就不同了，常会遇到大型蜘蛛，他们编织的蛛网非常坚固，如果我们蝙蝠落入其中，就很难再逃走了。通常，出色的回声定位系统会及时警告我们前方有蜘蛛网，这样我们就不会落入蜘蛛的陷阱了！

好吧，其实我们最大的敌人还是人类。是的，你们人类不会猎食我们，却经常摧毁我们的家园。好吧，我知道你们不是故意的——只是要拆除那些老旧建筑罢了，可你们都没想过在阁楼里还住着友善的蝙蝠家庭。

古老的风力磨坊和
现代风力发电机的叶片
对蝙蝠来说都是
很危险的。

你知道吗？

蝙蝠和老鼠完全没有任何亲缘关系：
普通的老鼠是啮齿目动物，
而蝙蝠可是翼手目动物。

许多科学家认为和蝙蝠有最近亲缘关系的是灵长类动物，也就是说和我们人类是同类！

你说，我们人类和它们蝙蝠长得不太像？对，那是因为我们的祖先很久以前就已经分家了：蝙蝠最初出现在大约6500万年前，甚至更早。从那时起，它们就没有什么太大变化。是呀，它们为什么要改变呢？毕竟，它们已经进化得很完美了！

蝙蝠不只是可爱有趣的动物，而且对
生态环境非常有益，因为它们可以
消灭有害昆虫。

你喜欢被蚊子叮咬吗？应该不喜欢吧！所以我们只能涂各种各样的驱蚊软膏，这是因为我们周围连一只蝙蝠都没有！本领高强的蝙蝠每小时最多可以吃600只蚊子（这就像一个人一次吃20个比萨饼）。来算一算蝙蝠一晚上能捉多少只蚊子吧！它们也能捉住其他昆虫，也就是说，蝙蝠可以帮助我们免受许多害虫的侵害。

它们吃得真多呀！知道吗，
最令人惊讶的是它们
完全不会变胖！

这样它们就永远不需要节食了。我们真的应该感激它们。因为蝙蝠还会为很多种植物授粉、传粉，要不是蝙蝠来吃这些植物，有些种子根本不会发芽。看！蝙蝠是不是对我们很有帮助呢？如果不是蝙蝠，我们的收成将会损失很多，地球上的森林也将减少许多……

想一想，人类是否跟蝙蝠说过"谢谢"呢？是的，从来没有！早在很久以前，人们就编造出各种各样有关这种可爱又有益的动物的可怕传言。

尤其是在古代，人们对蝙蝠知之甚少。但令人惊讶的是，蝙蝠其实一直都是人类的邻居，如果我们祖先愿意，其实他们很久以前就能与蝙蝠结识。但是他们并没有这种想法，可能是因为他们有些害怕吧！说实话，蝙蝠看起来真的有点奇怪，以至于会被人们认为是邪恶的象征。

这样一来，不知为何，人们就断定蝙蝠是吸血鬼的化身。虽然大家都知道吸血鬼是不存在的，但以防万一，人们还是开始排斥蝙蝠。

开动脑筋回忆一下，随便拿一个关于女巫和巫师的传说做例子，就能发现和他们生活在一起的一定有蝙蝠。不仅如此，蝙蝠还帮助他们修炼成邪恶的巫术！即使是现在在有些国家，人们仍认为蝙蝠是世界上最喜欢紧紧咬住别人头部的动物，这样它们就会把人类的头发缠结在一起，再也梳不开了。

这些根本不是真的！简直是在胡说八道。

蝙蝠并不是有意要弄乱人类的头发，那只是因为它们的回声定位系统并不能清晰地辨识柔软的物体。举个例子，绒毛格外多的蝴蝶，蝙蝠就会视而不见；夜行飞蛾专门想出方法让自己的身体覆盖绒毛，它们的敌人——蝙蝠就无法发现它们了。同样，蝙蝠有时也无法察觉女性的蓬松头发，这样一来，偶尔会不小心卡在里面。哦！怎么回事？这么大的尖叫声！难道蝙蝠又缠在某位姑娘的头发里了吗？

也许就是这个原因，以前人们认为蝙蝠什么也看不见。但现在你知道了吧，事实并非如此。

古时候，有人认为蝙蝠可以让人失明，这样就可以帮自己在牌局里战胜对手，赢得金钱。甚至还可以帮助人类实现愿望——只需要将蝙蝠的指头放到它的背部，然后说出自己的祈求就可以了。

古希腊人非常害怕梦到蝙蝠——
这可能是海上风暴的征兆。

印第安人认为，蝙蝠会将人们引诱到沼泽地。芬兰人认为蝙蝠是逝者的灵魂，这意味着在任何情况下都不应该冒犯它们——如果对蝙蝠不友好，就会伤害到逝者。当然，这些都只是传说和迷信，不过，无论如何都不要伤害蝙蝠呀！

许多国家的人仍然认为蝙蝠是
一种"半鸟半兽"的物种。

令人惊讶的是，在一些距离很远、风俗也完全不同的国家竟然存在着同样的有关蝙蝠的传说：在鸟类和野兽之间爆发了关于蝙蝠归属于哪一方的争论。狡猾的蝙蝠装出好像无法决定要站到哪一边的样子，它们一会儿从鸟类那边转向野兽这边，一会儿又从野兽这边转回鸟类那边，来来回回许多次。因此两方都很生蝙蝠的气，不想让它做自己的伙伴，从那以后，这些可怜的家伙不得不躲起来，以免落入这对老冤家手里——其实双方早已握手言和了。

蝙蝠的翅膀从何而来呢？
关于这个问题也有许多传说。

斯拉夫人认为，任何吃过复活节食物的老鼠都会变成蝙蝠，以此来作为惩罚。其他国家的人认为蝙蝠的翅膀是从鸟类那里换来的，或者干脆就是抢来的。非洲人的说法是，蝙蝠的翅膀是狮子送给它们的——想送就送给它们喽。

总之，几乎所有人都觉得蝙蝠很奇异、很古怪。很多人都害怕它们，并对蝙蝠保持着敬畏。

因此，蝙蝠的形象经常出现在欧洲最有声望的贵族家庭的徽章上。而中国人认为蝙蝠是好运和家庭和睦的象征，所以会把它刻画在房屋的墙壁上、花瓶上和硬币上。他们最喜欢的装饰，是五只围成一圈的蝙蝠形象，这意味着"五福临门"，即中国人的五大喜事：长寿、富贵、康宁、好德、善终。在中文里，"福气"和"蝙蝠"这两个词都有着相同的音节——"Fu"。

那为什么人们又编造出这么多关于这种动物的奇怪谣言呢？

打个比方，夜晚时，蝙蝠可以在黑暗中辨别树木的种类！然而这是因为每种树都有自己独特的树皮——要么粗糙，要么光滑。声波会以不同的方式从不同的树皮上反射回来，蝙蝠就会清楚自己眼前的是松树、枫树还是其他树。

此外，蝙蝠十分有纪律性，始终都会听从自己首领的命令。

如果一个族群中所有蝙蝠一直在发出同样响度的吱吱声，它们又如何能听懂首领的指令呢？事实证明，有时候蝙蝠会停止"合唱"，这时就可以听到唯一一只蝙蝠发出的吱吱声。这就是蝙蝠首领的嗓音了：通过单独的吱吱声来通知其余蝙蝠新的飞行方向。只要发一次指令，每只蝙蝠都会立刻服从于它！

毋庸置疑，你肯定有自己最好的朋友。
蝙蝠们也有！

每只蝙蝠都有自己的"小团伙"。蝙蝠的族群一般都很庞大。那如何在如此庞大的族群中找到自己的朋友呢？蝙蝠通过声音来分辨。在人类看来，蝙蝠都在以同样的方式发出相同的声音，但事实上每只蝙蝠都有自己独特的"嗓音"，各不相同，就像我们人类嗓音不同一样。

顺便一提，蝙蝠不仅有自己的蝙蝠小伙伴们，它们也会与人类做朋友。

是的，有人驯化了这种神奇又古怪的生物，还把它们养在家里。事实证明，蝙蝠是非常可爱的宠物。但与它们交流起来相当困难，因为它们只在人们睡觉时才清醒。

可不要着急地去找爸爸妈妈，请求他们允许自己养只蝙蝠做宠物呀。

不是每个家庭都能为饲养宠物蝙蝠创造合适的条件：它们需要广阔的飞行空间、适宜的温度，最重要的是，它们以活的昆虫为食！而且蝙蝠也肯定需要有自己的族群，再者说，虽然到了晚上你就睡觉了，但这恰恰是它们最活跃的时间呀。

我们最好还是在蝙蝠的家乡——野外来观察它们吧！

研究蝙蝠不仅有趣，而且还有益！例如，科学家认为，如果能正确探明夜行动物的特征，就有可能制造出特殊的特技飞机！

还有，蝙蝠们也有自己的节日！

国际蝙蝠夜。

每年9月20～21日的夜晚，就是国际蝙蝠夜。欧洲人是最早提出这个节日的。为什么蝙蝠需要这样的节日呢？其实并不是它们自己需要，而是我们人类需要这个节日，因为在这个夜晚我们可以观察蝙蝠的生活，了解很多关于它们的有趣故事。在这个节日里，你需要找一个至今仍对蝙蝠（虽然它们不伤人）还有所畏惧的朋友，告诉他关于这些"小可爱"们的全部真相。你知道的，人类已经编造出了一堆关于蝙蝠的荒谬传说。现在你知道了，其实蝙蝠真的没有什么可怕的！

现在请如实回答：
谁才是世界上最不可
思议的动物呢？
大家有哪些想法呀？
我的答案是——蝙蝠！
名副其实的奇迹中的奇迹。

现在你已经了解了很多关于我们的信息，你可以给朋友们讲一讲自己和蝙蝠相识的故事啦。

再见啦！深夜再会！

动物园里的朋友们

本套书共三辑，每辑 10 册，共 30 册。明星作者以第一人称讲故事的形式，展现每个动物最与众不同、最神奇可爱的一面，介绍了每种动物的种类、生活环境、形态特征、生活习性等各方面。让孩子们足不出户也能了解新奇有趣的动物知识。

第一辑（共 10 册）

 我是企鹅
 我是狐狸
 我是刺猬
 我是老虎
 我是蝙蝠
 我是山羊

 我是松鼠
 我是狮子
 我是北极熊
 我是大熊猫

第二辑（共 10 册）

 我是海豚
 我是河马
 我是猫
 我是蛇
 我是长颈鹿
 我是驼鹿

 我是蚊子
 我是蝴蝶
 我是浣熊
 我是麝鼹

第三辑（共 10 册）

 我是小熊猫
 我是大象
 我是长尾猴
 我是斗牛犬
 我是考拉
我是树懒

 我是袋熊
 我是蚂蚁
 我是老鼠
 我是臭鼬

图书在版编目（C I P）数据

动物园里的朋友们. 第一辑. 我是蝙蝠 ／（俄罗斯）
玛·阿布拉莫娃文 ；于贺译. -- 南昌 ：江西美术出版
社，2020.11
ISBN 978-7-5480-7508-0

Ⅰ. ①动… Ⅱ. ①玛… ②于… Ⅲ. ①动物－儿童读
物②翼手目－儿童读物 Ⅳ. ①Q95-49

中国版本图书馆CIP数据核字(2020)第070939号

版权合同登记号 14-2020-0158

Я летучая мышь
© Abramova M., text, 2016
© Mineev V., illustrations, 2016
© Publisher Georgy Gupalo, design, 2016
© OOO Alpina Publisher, 2016
The author of idea and project manager Georgy Gupalo
Simplified Chinese copyright © 2020 by Beijing Balala Culture Development Co., Ltd.
The simplified Chinese translation rights arranged through Rightol Media (本书中文简体版权经由锐拓
传媒旗下小锐取得Email:copyright@rightol.com)

出 品 人：周建森
企 划：北京江美长风文化传播有限公司
策 划：巴拉拉
责任编辑：楚天顺 朱鲁巍
特约编辑：石 颖 吴 迪 王 毅
美术编辑：童 磊 周伶俐
责任印制：谭 勋

动物园里的朋友们（第一辑） 我是蝙蝠

DONGWUYUAN LI DE PENGYOUMEN(DI YI JI) WO SHI BIANFU

[俄]玛·阿布拉莫娃 / 文 [俄]维·米涅耶夫 / 图 于贺 / 译

出 版：江西美术出版社		印 刷：北京宝丰印刷有限公司	
地 址：江西省南昌市子安路66号		版 次：2020年11月第1版	
网 址：www.jxfinearts.com		印 次：2020年11月第1次印刷	
电子信箱：jxms163@163.com		开 本：889mm×1194mm 1/16	
电 话：0791-86566274 010-82093785		总 印 张：20	
发 行：010-64926438		ISBN 978-7-5480-7508-0	
邮 编：330025		定 价：168.00元（全10册）	
经 销：全国新华书店			